Josephin Lehnert

Vegetationsentwicklung in den Naturschutzgebieten d

GRIN - Verlag für akademische Texte

Der GRIN Verlag mit Sitz in München hat sich seit der Gründung im Jahr 1998 auf die Veröffentlichung akademischer Texte spezialisiert.

Die Verlagswebseite www.grin.com ist für Studenten, Hochschullehrer und andere Akademiker die ideale Plattform, ihre Fachtexte, Studienarbeiten, Abschlussarbeiten oder Dissertationen einem breiten Publikum zu präsentieren.

Dokument Nr. V144617 aus dem GRIN Verlagsprogramm

Josephin Lehnert

Vegetationsentwicklung in den Naturschutzgebieten des Speicherkooges Dithmarschen

GRIN Verlag

Bibliografische Information der Deutschen Nationalbibliothek: Die Deutsche Bibliothek
verzeichnet diese Publikation in der Deutschen Nationalbibliografie; detaillierte bibliografische Daten sind im Internet über http://dnb.d-nb.de/ abrufbar.

1. Auflage 2005
Copyright © 2005 GRIN Verlag
http://www.grin.com/
Druck und Bindung: Books on Demand GmbH, Norderstedt Germany
ISBN 978-3-640-55212-2

Vegetationsentwicklung in den Naturschutzgebieten des Speicherkooges Dithmarschen

„Wöhrdener Loch / Speicherkoog Dithmarschen"
„Kronenloch / Speicherkoog Dithmarschen"

NABU Schleswig-Holstein

Bearbeitung:
Josephin Lehnert
Studentin Universität Leipzig   Meldorf, September 2005

Inhaltsverzeichnis

1. Einführung	2
1.1. Untersuchungsgebiet	2
1.2. Anliegen	2
1.3. Geologie und Böden	2
1.4. Methoden	3
2. Untersuchungsergebnisse	3
2.1. Naturschutzgebiet „Kronenloch / Speicherkoog Dithmarschen"	3
2.1.1. Vegetation	3
Untere Salzwiese, strukturarm	
Untere Salzwiese, strukturreich	
Obere Salzwiese	
Schilf-Röhricht Gebüsche / Gehölze	
Mesophiles Grünland	
2.1.2. Diskussion	5
2.2. Naturschutzgebiet „Wöhrdener Loch / Speicherkoog Dithmarschen"	6
2.2.1. Vegetation	6
Untere Salzwiese, strukturarm	
Untere Salzwiese, strukturreich	
Obere Salzwiese	
Schilf-Röhricht	
Gebüsche / Gehölze	
Mesophiles Grünland	
Intensivgrünland	
Aufschüttung	
2.2.2. Diskussion	7
3. Abschließende Bemerkung	8
4. Literatur und Kartengrundlagen	9

Anhang
Vegetationskarte „Kronenloch"
Vegetationskarte „Wöhrdener Loch"

1. Einführung

1.1. Untersuchungsgebiet

Der Speicherkoog entstand durch die Eindeichung der Meldorfer Bucht 1978. Im Nordteil wurden wegen der starken Salzwiesen- und Wattflächenverluste 1985 zwei Naturschutzgebiete ausgewiesen, um den Rastvögeln ebenso wie den Dauergästen lebensnotwenige Brut- und Rastflächen zu erhalten. Das Wattenmeer der Nordsee stellt eine wichtige Station im Nordatlantischen Vogelzugweg dar. Täglich rasten hier zu den Zugzeiten bis zu 1,3 Millionen Wasser- und Watvögel. Daher ist der Erhalt von entsprechenden Flächen von vorderster Priorität.
Das „Kronenloch" liegt im Südwesten des Speicherkooges Nord auf einer Fläche von 532 ha. Es befindet sich überwiegend auf ehemaligen Sandwattflächen, nur der äußerste Nordosten, die ehemalige so genannte Ziegeninsel, war vor der Eindeichung bis zur Salzwiese entwickelt. Es ist gekennzeichnet von ausgedehnten Wasserflächen, die durch eine Verbindung zur Nordsee tidenbeeinflusst sind, sowie durch eine großräumige Insel.
Das „Wöhrdener Loch" ist im Nordwesten des Speicherkooges Nord gelegen. Die anfängliche Fläche wurde später auf 495 ha erweitert und ist durch alte Prielbetten zergliedert. Durch den Bau von Stauanlagen wurden seichte Dauerwasserflächen geschaffen.

1.2. Anliegen

Bereits Ende der 90er Jahre wurde durch das Botanische Institut der Universität Kiel die Vegetationsentwicklung des „Wöhrdener Loch" untersucht. Durch Diplombiologen Joachim Schwahn und freie Mitarbeiter fand eine Wiederholungsuntersuchung statt, in deren Zuge eine Vegetationskartierung durchgeführt wurde sowie 9 Dauerquadrate und 2 Transekte zur Ermittlung der dortigen Vegetation eingerichtet wurden. Eine weitere Ausarbeitung zur Vegetation in den NSG „Wöhrdener Loch" und „Kronenloch" liegt von GLOE (1991) vor. Zwar ist diese keine vollständige Vegetationskartierung, liefert jedoch aufschlussreiche Informationen.
In diesem Jahr, im August und September 2005, wurde erneut eine Vegetationskartierung durchgeführt. Untersucht wurden sowohl das „Wöhrdener Loch" wie auch das „Kronenloch". In dem vorliegenden Bericht sollen die Ergebnisse dieser Kartierung zusammengefasst werden. Dabei sollen Veränderung der Vegetationsbedeckung und mögliche daraus resultierende Konsequenzen sowie zukünftig zu erwartende Entwicklungen herausgestellt werden.

1.3. Geologie und Böden

Die Bodenverhältnisse im Untersuchungsgebiet sind bereits von SCHWAHN (1992) zusammengefasst worden. Nach SCHWAHN (1992) lagern im Untergrund des Naturschutzgebietes holozäne Sedimentdecken von ca. 20 m Mächtigkeit über pleistozänen Fein- und Mittelsanden. Die holozänen Decken bestehen am Grund aus einer geringmächtigen Schicht aus Bruchwaldtorf, darüber liegt eine 5 m mächtige Kleischicht mit schluffigen Feinsandlagen, die von Schilfhorizonte durchzogen sind.
Über der holozänen Schicht befindet sich eine 15 m mächtige Sanddecke, welche auch die heutige Bodenoberfläche bildet. Durchzogen wird sie von tonigen Schichten und Schill-Lagen (Muschelschalen).
Die Böden sind ehemalige Sandwatten, bestehend aus schluffigem Sand bis Sand mit hohem Sandanteil (bis 96 %). Der Bodentyp ist als Gleyboden einzustufen mit geringmächtigem Ah-Horizont und in 40 – 60 cm Tiefe beginnendem Gr-Horizont.

Nach SCHWAHN (1992) liegt die Bodenreaktion im schwach alkalischen Bereich, der Nährstoffgehalt ist gering. Die Böden neigen zu Staunässe bzw. bei lang anhaltender Trockenheit zu Oberflächenverkrustung.

Eine Untersuchung der bodenkundlichen Verhältnisse erfolgte nicht, da ein direkter Eingriff in das Bodenökosystem vermieden werden sollte. Jedoch ist an Abbruchkanten in Prielnähe im Untersuchungsgebiet ein Blick in die oberen Bodenschichten möglich. Die Ergebnisse werden ebenso vorgestellt.

1.4. Methoden

Bei der Kartierung wurde Bezug genommen auf einen Kartierschlüssel für Biotoptypen in Schleswig-Holstein (GETTNER, HEINZEL, 1995). Als Kartengrundlage dienten Infrarotaufnahmen eines CIR-Bildflugs Schleswig-Holstein aus dem Jahre 2004 im Maßstab 1:5000. Die Erfassung erfolgte sowohl im Gelände wie anhand der Luftbilder. Abschließend werden die Untersuchungsergebnisse in zwei im Anhang zu findenden Karten im Maßstab 1:5000 dargestellt.

Die Artenbestimmung erfolgte nach ROTHMALER (2002), Gefährdungsgrade einzelner Arten entstammen der Roten Liste der Farn- und Blütenpflanzen Schleswig-Holstein.

Die beiden Naturschutzzonen weisen völlig unterschiedliche Artenvorkommen wie auch Artenzusammensetzungen auf und sind getrennt kartiert worden. Die Vorstellung der Untersuchungsergebnisse erfolgt deshalb auch getrennt.

2. Untersuchungsergebnisse

2.1. Naturschutzgebiet „Kronenloch / Speicherkoog Dithmarschen"

2.1.1. Vegetation

a) Untere Salzwiese, strukturarm

An den westlichen Ufern sowohl der Insel, als dem Festlandbereich, sind Ausdehnungen von Queller und Strandsalzschwaden vorhanden. Sie bedecken zum Teil die durch den Tidenhub direkt salzwasserbeeinflussten Sandbänke. Im Osten der Insel sind sie nicht ausgeprägt, da diese Flächen aufgrund der überwiegenden Westwinde weniger von Winderosion betroffen und deshalb inzwischen stark vegetationsbedeckt sind.

b) Untere Salzwiese, strukturreich

Im Anschluss an die Queller- und Andelzonen geht die Untere Salzwiese in strukturreichere Ausprägung über. Dort finden sich vor allem Flächen mit Strandasterbewuchs. Zu finden sind sie auch im zentralen nördlichen Bereich der Insel. Möglich ist, dass dieser Bereich ehemals überflutet war, oder immer noch zeitweilig überflutet wird, da er von niedrigerer Höhenlage ist, als der restliche Inselbereich. Eine weitere Erklärung für das Vorkommen der wäre, dass durch Oberflächenabfluss gelöstes Salz aus den höher gelegenen Flächen in die Senken fließt und dadurch zu einer Salzkonzentration führt, was sich in der Vegetationsbedeckung wiederspiegelt. (vgl. SCHWAHN, 1992)

Abb. 1: Infrarotluftbildaufnahme NSG „Kronenloch / Speicherkoog Dithmarschen

Weitere Vorkommen liegen im östlichen Festlandsbereich in unmittelbarer Nähe zu Wasserflächen. Neben den Strandasterbeständen kommen Strandsalzschwaden, Queller, Strandwegerich, Stranddreizack, Strandsimse, Schlickgras, Mähnengerste, Spießmelde, Keilmelde, Strandsoden vor sowie Strandseggen.

    c) Obere Salzwiese

Im Inselbereich sind Obere Salzwiesenausprägungen nur stellenweise vorhanden. Sie sind gekennzeichnet durch Bewuchs mit Weißem Straußgras, Schwingelarten, Boddenbinsen, Wolligem Honiggras, Strandquecken, Strandmilchkraut. In dem schmalen Bereich im Norden der Insel, in Angrenzung an den Aussichtspunkt, finden sich das Ginsterblättrige Leinkraut, als vermutlich einziges Vorkommen in Schleswig-Holstein (GLOE, 1991), sowie Sandthymian, Sumpfschachtelhalm, Schafgarben. Verbreitet ist außerdem die Orchidee Übersehenes Knabenkraut.

Im östlichen Festlandbereich ist im zentralen Bereich ein sehr dichter Bewuchs von Boddenbinsen vorhanden, ebenso im südlichen Bereich der Insel. In Grabenstrukturen haben sich Strandsimsen angesiedelt. Es sind auch zahlreiche Strandseggen zu finden, die ebenso in dem schmalen westlichen Bereich am Seedeich vorkommen. Verbreitet sind dort weiterhin Pastinaken.

Zwar kann aufgrund des Vorkommens bestimmter Arten wie Kammgras oder Schafgarbe nicht von einer reinen Oberen Salzwiese gesprochen werden, doch überwiegt der Anteil und die Verbreitung der charakteristischen Salzkennarten. Übergangsformen zu Marschvegetationen sind vor allem in den Randgebieten vorhanden.

    d) Schilf-Röhricht

Das Schilf stellt die vorrangige Art im Untersuchungsgebiet dar. Besonders auf der Insel zeigt es ein flächendeckendes und undurchdringliches Vorkommen sowie Wuchshöhen von über 2 Metern. Auffällig ist, dass die Röhrichte sich mit Weidengebüschstrukturen vermischen.

    e) Gebüsche / Gehölze

Im Bereich der Insel bestimmen Weidengehölze die Vegetationsstruktur im südlichen Bereich. Das Dickicht ist dort größtenteils undurchdringlich. Weiden sind auch im südlichen und westlichen Randbereich sowie auf einer größeren Fläche auf dem östlichen Festland vorhanden. Es kommen vorwiegend Ohrenweiden, aber auch Kriechweiden und Silberweiden vor. Der nördliche Festlandbereich wird vor allem von Sanddorngebüschen bewachsen, die sich bis an den Westrand erstrecken und eine natürliche Schutzmauer in den Grenzbereichen zur Straße hin bilden.

    f) Mesophiles Grünland

Im östlichen und südöstlichen Bereich findet ein Übergang zu mesophilem Grünlandbewuchs statt. Zwar sind noch Weißes Straußgras und Schwingel vorhanden, mehrheitlich jedoch Kammgras, Spitzwegerich, Rainfarn sowie Kleearten (Rotklee, Weißklee, Hopfenluzerne). Ursache hierfür ist die zunehmende Entfernung zum Seedeich und daraus resultierende Aussüßung, möglicherweise auch der Einfluss benachbarter, landwirtschaftlich genutzter Flächen.

2.1.2. Diskussion

Da für das Kronenloch keine frühere Vegetationskartierung vorliegt, ist die Einschätzung der Veränderungen schwierig. Nach GLOE war das gesamte Gebiet 1989 noch frei von Röhrichten und Weiden.
Nach der Eindeichung hatte die Einsaat von Rohrschwingel, Rotschwingel und Weißem Straußgras stattgefunden, um die sandigen Flächen gegen Erosion zu schützen. Seit 1984 fand keine Beweidung mehr statt. Die Flächen sind der Sukzession überlassen worden. GLOE erwähnt bereits 1991 eine Ausdehnung von Schilf sowie erste einzelne Weidengebüsche. Heute ist der gesamte Inselbereich ein undurchdringlicher Dschungel aus Schilfröhrichten und Weiden geworden. Die Einsaat ist vor allem im Inselbereich weiträumig verdrängt. Der östliche Festlandsbereich ist relativ offen. Aber auch hier breiten sich Schilf und Weiden aus, vor allem in der Nähe der Wasserflächen. Dies bedeutet für spezielle Vogelarten wie der Schilfrohrdommel oder der Rohrweihe ein sicheres und weiträumiges Brutgebiet. Da die Wasserflächen tidebeeinflusst sind, verbleiben an den Ufern genügend große Sandbänke als Rastplatz für diverse Watvogelarten, Wasservögel und Gänse.
Weiterhin wurden auf der Fläche Rehe beobachtet und auch Kaninchen und Füchse halten sich im Gelände, vor allem im Bereich der Insel, auf. Es hat sich trotz des übermäßigen Schilf- und Weidenbewuchses ein artenreiches Ökosystem entwickelt.

2.2. Naturschutzgebiet „Wöhrdener Loch / Speicherkoog Dithmarschen"

2.2.1. Vegetation

a) Untere Salzwiese, strukturarm

In den unteren strukturarmen Salzwiesengemeinschaften siedeln nur eine geringe Zahl charakteristischer Halophyten. Neben dem Strandsalzschwaden Puccinellia maritima (Andel) ist das der Queller (salicornia europaea) sowie vereinzelt die Salzschuppenmiere (Spergularia salina). Die Bewuchsdichte ist sehr locker, die Flächen sind schlickig und stehen bei entsprechenden Witterungsverhältnissen geringfügig unter Wasser.

Im Untersuchungsgebiet sind diese strukturarmen Ausprägungen der Unteren Salzwiese am nördlichen Ufer der Wasserflächen sowie in Nähe des Seedeichs zu finden. Hauptursache für das Vorkommen ist offensichtlich der Qualmwassereinfluss, aber auch die ständige Beweidung mit Schafen ist verantwortlich für das Fortbestehen der sonst nur auf Flächen mit direktem Meerwassereinfluss wachsenden Arten. Ein Dauerquadrat im südlichen Bereich zeigt, dass sich bei ausbleibender Beweidung andere Arten durchsetzen und eine Verdrängung der Unteren Salzwiesenarten bewirken.

b) Untere Salzwiese, strukturreich

Mit zunehmender Bewuchsdichte findet eine Zunahme der Artenzahl statt. In den strukturreichen Unteren Salzwiesen sind zwar ebenso die Salzzeigerarten Strandsalzschwaden, Queller und Salzschuppenmiere vorhanden, werden aber ergänzt durch weitere Halophyten wie Schlickgras, Strandsode, Keilmelde, Stranddreizack und Strandmilchkraut.
Weiterhin sind stellenweise Mähnengerstenbewüchse zu finden, vor allem an Übergangsbereichen von strukturarmer zu strukturreicher Unterer Salzwiese.

Die Vorkommen des Biotoptyps im Gelände konzentrieren sich in Seedeichnähe, entlang der südlichen Gebietsgrenze und an den westlichen Ufern des Wasserlaufes, der im Osten das Gebiet durchfließt. Eine kleine Fläche befindet sich zentral auf einer Lichtung zwischen den Weidengehölzen im nordöstlichen Teil. Außerdem sind Ausprägungen in ehemaligen Prielen zu finden, welche niedriger gelegen sind als die Umgebung.

Abb. 2: Infrarotluftbildaufnahme NSG „Wöhrdener Loch / Speicherkoog Dithmarschen"

c) Obere Salzwiese

Fast das gesamte Gelände westlich des Stroms ist von Arten bewachsen, welche mehrheitlich der Oberen Salzwiese zuzuordnen sind. Hauptanteil hat dabei nach wie vor die Einsaat. 1980 wurde eine Einsaatmischung aus 14% Weißem Straußgras, 28% Rohrschwingel, 52% Rotschwingel (33% Festuca rubra rubra, 19% Festuca rubra communata) und 6% Raps eingebracht, um die sandigen Böden gegen Winderosion zu schützen. Die Rapsart konnte sich nicht durchsetzen, hingegen sind die Schwingelarten und auch das Weiße Straußgras weitflächig vorhanden. Weitere Halophyten im Gebiet sind das Strandmilchkraut, das Kleine Tausendgüldenkraut sowie diverse Binsenarten, darunter die Boddenbinse. An Gräben und tieferen Stellen kommen Meerstrandsimsen vor. Südlich der Wasserfläche wachsen zahlreiche Strandseggen sowie Entferntährige Seggen. Stellenweise finden sich Erdbeerklee oder Krähenfußwegerich.

Zu den Salzwiesenkennarten gesellen sich flächig Kammgras, Weiß- und Rotklee, Ackerkratzdistel, Herbstlöwenzahn, Gänsefingerkraut. Diese sind keine Salzwiesenarten. Nach SCHWAHN (1992) sind sie Zeigerarten für Weidelgras-Weißklee-Weiden. Er prognostizierte 1992 potentielle Weidelgras-Weißklee-Standorte. Dies kann so nicht

bestätigt werden. Jedoch darf im Grunde auch nicht von reinen Salzwiesen gesprochen werden. Eher hat im Gebiet eine Durchmischung der Zeigerarten der Oberen Salzwiese mit Zeigerarten des Grünlandes der Marschen stattgefunden. Die Kennarten salzarmer Flächen können sich leicht in dem stellenweise über 50 cm hohen Bewuchs ansiedeln, da von Schafen niedrigere Wuchshöhen bevorzugt werden. Zudem wird das Gebiet mit zunehmender Entfernung von Seedeich und Wasserflächen trockener. Es wurde jedoch die Bezeichnung Obere Salzwiese gewählt, weil flächig Halophyten wie die Boddenbinse und das Strandmilchkraut in der Vegetation vorhanden sind. Das zeugt von einem deutlichen Salzeinfluss und die Aussüßung der Flächen und Umwandlung in trockene, salzarme Standorte muss verneint werden.

d) Schilf-Röhricht

Im Gegensatz zu 1992 hat eine starke Ausbreitung der Schilfbestände stattgefunden. War Schilf zum damaligen Kartierungszeitpunkt nur minimal vorhanden, ist heute eine Tendenz zur flächenhaften Ausbreitung vorhanden. Dies schneidet sich mit den Schutzzielen des Gebietes, Brut- und Aufenthaltsmöglichkeiten für Wiesenvögel zu bieten. Aus diesem Grund wurde in diesem Jahr (September 2005) eine Mahd beschlossen und durchgeführt. Die entsprechenden Flächen sind in der Vegetationskarte im Anhang vermerkt. Um eine weitere Ausbreitung der Schilfbestände zu vermeiden wurde außerdem eine Erhöhung der Beweidungsdichte von 2 auf 2,5 Schafe pro Hektar erwirkt. Eine zusätzliche Beweidung durch Rinder ist geplant.

e) Gebüsche / Gehölze

Auf zentralen Flächen jeweils nördlich und südlich der Wasserfläche haben sich Weidengebüsche und Weidengehölze ausgebreitet. Vor allem Ohrweide und Kriechweide aber auch Silberweiden sind vorhanden. Diese Flächen sind zum Teil bereits undurchdringlich verwachsen. Weitere einzelne Weidenbäume sind in Wassernähe im nördlichen Bereich zu finden.

f) Mesophiles Grünland

Das Gebiet östlich des Wasserlaufes wird durch Mesophiles Grünland bestimmt, welches sich von den übrigen Flächen der oberen Salzwiesen dadurch unterscheidet, dass die meisten Halophyten nicht vorhanden sind. Lediglich die Einsaat ist auch hier noch ausgeprägt. Neben den Zeigerarten Kammgras und Spitzwegerich kommen auch diversen Kleearten, Gänsefingerkraut Wolliges Honiggras, Quecken und Rispengräser vor. Die charakteristischen Salz- oder Feuchtigkeitsanzeiger Binsen, Seggen und Milchkraut sind nicht oder nur spärlich vorhanden.

g) Intensivgrünland

Im Nordosten befindet sich ein schmaler Ausläufer des Naturschutzgebietes entlang des Hafenstroms. Dieser wird durch menschlichen Einfluss kurz gehalten und ist infolgedessen sehr artenarm. Es finden sich Trittrasengesellschaften und einzelne Ackerkratzdisteln.

h) Aufschüttung

Im Südwesten befindet sich eine mit Bauschutt aufgefüllte Aufschüttung. Diese wird heute für Beweidungszwecke verwendet und ist eingezäunt. Auch hier sind Trittrasengesellschaften vorhanden.

2.2.2. Diskussion

Seit der Vegetationskartierung im Jahr 1992 hat ein Wandel in der Bodenbedeckung stattgefunden. Unverändert in Lage und Bewuchs blieben lediglich Bereiche der Unteren Salzwiesen. Im Schilfbestand ist es jedoch zu einer flächenhaften Ausbreitung gekommen. Selbiges gilt für Weidengehölze. Bereits GLOE (1991) hat darauf verwiesen, dass der Austrieb von Schilf relativ schnell vonstatten gehen kann. Ursache hierfür ist die unterirdische Ansiedlung von Schilf schon Jahre vor dem eigentlichen Austrieb. Bei anhaltender und intensiver Beweidung ist es möglich, die Triebe kurz zu halten, so dass sie nicht in die Höhe wachsen können. Jedoch schon ausgetriebene Halme werden von Schafen als Futter weitgehend gemieden, was dann eine rasche Ausbreitung zur Folge hat. Festzustellen ist, dass der Austrieb von Schilf oft in Zusammenhang mit dem Weidenbewuchs steht. Die Schafe halten vorzugsweise auf freien Weideflächen auf und meiden dichtere Bestände. Deshalb können sich die Schilfhorste durch mangelnden Verbiss unter den Weidenbüschen ausbreiten. Bei einer Verringerung der Beweidungsdichte ist mit weiterer rascher und weiträumiger Ausdehnung der Schilf-Röhrichte zu rechnen, aufgrund der unterirdischen Ausbreitung der Rhizome.
Im nördlichen Bereich des Untersuchungsgebiets wurde 2004 eine kleine Herde Koniks – eine polnische Wildpferdart – eingebracht, die sich inzwischen vermehrt hat und auf 17 Tiere angewachsen ist. Eine Herde von Rindern (Galloways) soll zukünftig noch unterstützend hinzukommen. Dadurch erhofft man die für eine große Zahl von Watvögeln wichtige niedrigwüchsige Wiesenvegetation erhalten zu können.

Die Gesamtfläche kann insgesamt nach wie vor als stark salzwasserbeeinflusst gelten. Dies rührt neben den genannten Qualmwassereinflüssen von den salzig-brackigen Wasserflächen. Eine genaue Salzkonzentrationsmessung wurde nicht durchgeführt, jedoch zeigt schon eine einfache Geschmacksprobe einen deutlichen Salzgehalt. Eine Aussüßung fand nicht statt. Was die Vegetation betrifft kann man eine Aussüßung von Westen nach Osten hin beobachten, ebenso sind die Flächen im Osten wesentlich stärker durch Staunässe beeinflusst.

3. Abschließende Bemerkung

Untersucht wurden zwei Naturschutzzonen, die trotz der gemeinsamen Entstehungsgeschichte völlig unterschiedliche Entwicklungen erfahren haben. Ursächlichen Einfluss haben dabei vor allem die Art der Bewirtschaftung und das Vorhandensein von Salzwasserzufuhr. Während das südlich gelegene „Kronenloch" stark salzwasserbeeinflusst ist und der Sukzession überlassen wird, was eine störungsfreie Entwicklung und die Beobachtung derselben ermöglicht, ist das nördlich gelegene „Wöhrdener Loch" geprägt durch die Beweidung von Schafen und Wildpferden. Hier wird kontrollierend in den Naturhaushalt eingegriffen. Im Vordergrund steht dabei der erhalt von Rast- und Brutflächen für Wiesen-, Wat- und Wasservögel. Intensive Beobachtungen der Vogelwelt bestätigen nach wie vor das Vorhandensein von brut- und Zugvögeln in hoher Zahl. Niedrigwüchsige Salzwiesenbereiche dienen als Brutareal für

Säbelschnäbler, Rotschenkel und Seeschwalben. Schilfzonen werden von Rohrsängern, Blaukehlchen und Wiesenpiepern angenommen. (KOOP, KIECKBUSCH, 2004) Zu bedenken gilt, dass die Zunahme und Verdichtung der Schilfröhrichte ebenso wie der Weidensträucher einerseits neue Brutvogelarten anlockt, andererseits möglicherweise bestimmte Arten verdrängt.

Einer persönlichen Einschätzung nach sollte im NSG „Kronenloch" die natürliche Sukzession beibehalten werden, im NSG „Wöhrdener Loch" jedoch eine weitere Ausbreitung der Schilfbestände kritisch beobachtet damit Wat- und Wiesenvogelarten hier weiterhin ein Brutareal vorfinden.

Die Bearbeitung erfolgte im Auftrag des NABU Schleswig-Holstein.

4. Literatur und Kartengrundlagen

Literatur

GLOE, P. (1991): Pflanzen formen das Landschaftsbild im Speicherkoog, Meldorf

GLOE, P. (1993): Naturschutzgebiete im Speicherkoog Dithmarschen; Das NSG „Wöhrdener Loch" und das NSG „Kronenloch", in NATUR erleben, Neumünster

HEINZEL, GETTNER (1995): Vorschlag zur Arbeitsweise mit der Biotoptypen-Kartierung als Grundlage für Landschaftspläne in Schleswig-Holstein

KOOP, B, KIECKBUSCH, J.J. (2004): SPA, Teilgebiet Speicherkoog Dithmarschen, Monitoring 2004

ROTHMALER, W. (2002): Exkursionsflora von Deutschland, Band 2: Gefäßpflanzen, Heidelberg

SCHWAHN, J. (1992): Vegetationsentwicklung im Naturschutzgebiet „Wöhrdener Loch / Speicherkoog Dithmarschen", Kiel

Kartenmaterial

LANDESAMT FÜR NATUR UND UMWELT DES ALNDES SCHLESWIG-HOLSTEIN (2004): CIR-Bildflug Schleswig-Holstein 2004, Auszug Bilder zu NSG´s in der ehem. Meldorfer Bucht

Liste sämtlicher im Gebiet vorkommender, erfasster Arten

Es wird darauf hingewiesen, dass aufgrund jahreszeitlicher Gegebenheiten und daraus resultierendem Bewuchs sowie durch einfaches „Übersehen" die Artenliste unvollständig ist. Eine weitere Artenliste ist zu finden bei SCHWAHN (1992), sowie bei GLOE (1991).

„Kronenloch / Speicherkoog Dithmarschen

Ampfer, Krauser	Rumex crispus
Andel	Puccinellia maritima
Beifuß, Gemeiner	Artemisia vulgaris
Binse, Botten-	Juncus gerardii
Binse, Flatter-	Juncus effusus
Binse, Glieder-	Juncus articulatus
Binse, Knäuel-	Juncus conglomeratus
Binse, Kröten-	Juncus bufonius
Binse, Platthalm-	Juncus compressus
Brennessel, Große	Urtica dioica
Brennessel, Kleine	Urtica urens
Distel, Ackerkratz-	Cirsium arvense
Distel, Gemeine Kratz-	Cirsium vulgare
Distel, Sumpfkratz-	Cirsium palustre
Dreizack, Strand-	Triglochin maritimum
Dreizack, Sumpf-	Triglochuin palustre
Flügelsamige Salzschuppenmiere	Spergularia media
Fuchsschwanz, Wiesen-	Alopecurus pratensis
Gänseblümchen	Bellis perennis
Gänsedistel, Acker-	Sonchus arvensis
Gänsefingerkraut	Potentilla anserina
Gänsefuß, Graugrüner	Chenopodium glaucum
Gemeines Ferkelkraut	Hypochoeris radicata
Gemeines Knäuelgras	Dactylis glomerata
Gerste, Mähner-	Hordeum jubatum
Greiskraut, Gemeines	Senecio vulgaris
Greiskraut, Wasser-	Senecio aquatilis
Hahnenfuß, Scharfer	Ranunculus acris
Hornklee, Gemeiner	Limonium corniculatus
Huflattich	Tussilago farfara
Klee, Erdbeer-	Trifolium fragiferum
Klee, Kleiner	Trifolium dubium
Klee, Rot-	Trifolium pratense
Klee, Weiß-	Trifolium repens
Kleines Habichtskraut	Hieracium pilosella
Knöterich, Vogel-	Polygonum aviculare
Knöterich, Wiesen-	Polygonum bistorta
Leinkraut, Ginsterblättriges	Linaria genistifolia
Löwenzahn, Gemeiner	Taraxacum officinale
Löwenzahn, Herbst-	Leontodon autumnalis
Lupine	Lupinus polyphylla
Mastkraut, Strand-	Sagina maritima
Melde, Spieß-	Atriplex hastata
Melde, Strand-	Atriplex littoralis
Melde, Strandkeil-	Halimione portulacoides
Miere, Salzschuppen-	Spergularia marina
Miere, Vogelstern	Stellaria media

Milchkraut	Glaux maritima
Minze, Wasser-	Mentha aquatica
Quecke	Agropyron respens
Quecke, Dünen-	Agropyron pungens
Queller	Salicornia doliostachya
Queller	Salicornia ramosissima
Reinfarn	Tanacetum vulgare
Reitgras, Land-	Calamagrostis epigeios
Rispengras, Einjähriges	Poa annua
Rispengras, Wiesen-	Poa pratensis
Roter Zahntrost	Odontites rubra
Sanddorn	Hippophae rhamnoides
Sandthymian	Thymus serpyllum
Schafgarbe, Gemeine	Achillea millefolium
Schilf	Phragmites australis
Schlickgras	Spartina Townsendii
Schwingel, Rohr-	Festuca arundinacea
Schwingel, Rot-	Festuca rubra
Segge, Entferntährige	Carex distans
Segge, Hain-	Carex otrubae
Segge, Hasenpfoten-	Carex leporina
Segge, Strand-	Carex extansa
Segge, Wiesen-	Carex nigra
Simse, Gemeine Sumpf-	Eleocharis palustris
Simse, Meerstrand-	Bolboschoenus maritimus
Simse, Salzteich-	Schoenoplectus tabernaemontani
Strand-Aster	Aster tripolium
Strandsode	Suaeda maritima
Straußgras, Riesen-	Agrostis gigantea
Straußgras, Rotes	Agrostis tenuis
Straußgras, Weißes	Agrostis stolonifera
Tausendgüldenkraut, Kleines	Centaurium pulchellum
Tausendgüldenkraut, Strand-	Centaurium littorale
Trespe, Weiche	Bromus hordeaceus
Vogelwicke	Vicia cracca
Wegerich, Breit-	Plantago major
Wegerich, Krähenfuß-	Plantago coronopus
Wegerich, Mittlerer	Plamtago media
Wegerich, Strand-	Plantago maritima
Weide, Grau-	Salix cinerea
Weide, Kriech-	Salix repens
Weide, Ohr-	Salix aurita
Weide, Sal-	Salix caprea
Weide, Silber-	Salix alba
Weide-Kammgras	Cynosurus cristatus
Weidenröschen, Kleinblütiges	Epilobium parviflorum
Weidenröschen, Schmalblättriges	Epilobium angustifolium
Weidenröschen, Sumpf-	Epilobium palustre
Weiderich, Blut-	Lythrum salicaria
Wolliges Honiggras	Holcus lanatus

„Wöhrdener Loch / Speicherkoog Dithmarschen"

Ackerschachtelhalm	Equisetum arvense
Ackervergißmeinicht	Myosotis arvensis
Ampfer, Krauser	Rumex crispus
Ampfer, Sauer-	Rumex acetosa
Andel	Puccinellia maritima
Augentrost, Gewöhnlicher	Euphrasia officinalis
Beifuß, Gemeiner	Artemisia vulgaris
Binse, Botten-	Juncus gerardii
Binse, Flatter-	Juncus effusus
Binse, Glieder-	Juncus articulatus
Binse, Knäuel-	Juncus conglomeratus
Binse, Kröten-	Juncus bufonius
Brennessel, Große	Urtica dioica
Brennessel, Kleine	Urtica urens
Distel, Ackerkratz-	Cirsium arvense
Distel, Gemeine Kratz-	Cirsium vulgare
Dreizack, Strand-	Triglochin maritimum
Dreizack, Sumpf-	Triglochuin palustre
Flohkraut, Großes	Pulicaria dysenterica
Flügelsamige Salzschuppenmiere	Spergularia media
Fuchsschwanz, Wiesen-	Alopecurus pratensis
Gänseblümchen	Bellis perennis
Gänsedistel, Acker-	Sonchus arvensis
Gänsefingerkraut	Potentilla anserina
Gänsefuß, Graugrüner	Chenopodium glaucum
Gänsefuß, Roter	Chenopodium rubrum
Gemeines Ferkelkraut	Hypochoeris radicata
Gemeines Knäuelgras	Dactylis glomerata
Gerste, Mähner-	Hordeum jubatum
Greiskrat, Jacobs-	Senecio jacobaea
Hahnenfuß, Scharfer	Ranunculus acris
Hauhechel, Kriechende	Ononis repens
Hornklee, Gemeiner	Limonium corniculatus
Huflattich	Tussilago farfara
Klappertopf, Kleiner	Rhinanthus minor
Klee, Erdbeer-	Trifolium fragiferum
Klee, Kleiner	Trifolium dubium
Klee, Rot-	Trifolium pratense
Klee, Weiß-	Trifolium repens
Kleines Habichtskraut	Hieracium pilosella
Klettenkerbel, Gewöhnlicher	Torilis japonica
Knöterich, Vogel-	Polygonum aviculare
Knöterich, Wiesen-	Polygonum bistorta
Leinkraut, Ginsterblättriges	Linaria genistifolia
Löwenzahn, Herbst-	Leontodon autumnalis
Lupine	Lupinus polyphylla
Mastkraut, Strand-	Sagina maritima
Melde, Spieß-	Atriplex hastata
Melde, Strand-	Atriplex littoralis
Melde, Strandkeil-	Halimione portulacoides
Miere, Salzschuppen-	Spergularia marina
Miere, Vogelstern	Stellaria media

Milchkraut	Glaux maritima
Minze, Wasser-	Mentha aquatica
Quecke	Agropyron repens
Quecke, Dünen-	Agropyron pungens
Queller	Salicornia doliostachya
Queller	Salicornia ramosissima
Reinfarn	Tanacetum vulgare
Reitgras, Land-	Calamagrostis epigeios
Reitgras, Sumpf-	Calamagrostis canescens
Rispengras, Einjähriges	Poa annua
Rispengras, Wiesen-	Poa pratensis
Roter Zahntrost	Odontites rubra
Sanddorn	Hippophae rhamnoides
Sandthymian	Thymus serpyllum
Schafgarbe, Gemeine	Achillea millefolium
Schilf	Phragmites australis
Schlickgras	Spartina Townsendii
Schwingel, Rohr-	Festuca arundinacea
Schwingel, Rot-	Festuca rubra
Segge, Entferntährige	Carex distans
Segge, Hain-	Carex otrubae
Segge, Hasenpfoten-	Carex leporina
Segge, Strand-	Carex extansa
Segge, Wiesen-	Carex nigra
Simse, Gemeine Sumpf-	Eleocharis palustris
Simse, Meerstrand-	Bolboschoenus maritimus
Simse, Salzteich-	Schoenoplectus tabernaemontani
Strand-Aster	Aster tripolium
Strandsode	Suaeda maritima
Straußgras, Riesen-	Agrostis gigantea
Straußgras, Rotes	Agrostis tenuis
Straußgras, Weißes	Agrostis stolonifera
Sumpfkresse, Gemeine	Rorippa palustris
Sumpfschachtelhalm	Equisetum palustre
Tausendgüldenkraut, Kleines	Centaurium pulchellum
Trespe, Weiche	Bromus hordeaceus
Vogelwicke	Vicia cracca
Wegerich, Breit-	Plantago major
Wegerich, Krähenfuß-	Plantago coronopus
Wegerich, Mittlerer	Plamtago media
Wegerich, Strand-	Plantago maritima
Weide, Grau-	Salix cinerea
Weide, Kriech-	Salix repens
Weide, Ohr-	Salix aurita
Weide, Sal-	Salix caprea
Weide, Silber-	Salix alba
Weide-Kammgras	Cynosurus cristatus
Weidenröschen, Kleinblütiges	Epilobium parviflorum
Weidenröschen, Schmalblättriges	Epilobium angustifolium
Weidenröschen, Sumpf-	Epilobium palustre
Weiderich, Blut-	Lythrum salicaria
Wolliges Honiggras	Holcus lanatus